漫画万物由来　我们的食物

苹果的秘密

云狮动漫　编著

四川少年儿童出版社

图书在版编目（CIP）数据

苹果的秘密 / 云狮动漫编著. -- 成都：四川少年儿童出版社，2020.6
（漫画万物由来. 我们的食物）
ISBN 978-7-5365-9387-9

Ⅰ. ①苹… Ⅱ. ①云… Ⅲ. ①苹果－儿童读物 Ⅳ. ①S661.1-49

中国版本图书馆CIP数据核字(2020)第087825号

出 版 人：	常　青
项目统筹：	高海潮
责任编辑：	程　骥
特约编辑：	董丽丽
美术编辑：	苏　涛
封面设计：	章诗雅
绘　　画：	张　扬
责任印制：	王　春　袁学团

PINGGUO DE MIMI

书　　名：	苹果的秘密
编　　著：	云狮动漫
出　　版：	四川少年儿童出版社
地　　址：	成都市槐树街2号
网　　址：	http://www.sccph.com.cn
网　　店：	http://scsnetcbs.tmall.com
经　　销：	新华书店
印　　刷：	成都思潍彩色印务有限责任公司
成品尺寸：	285mm×210mm
开　　本：	16
印　　张：	3
字　　数：	60千
版　　次：	2020年8月第1版
印　　次：	2020年8月第1次印刷
书　　号：	ISBN 978-7-5365-9387-9
定　　价：	28.00元

版权所有　翻印必究

若发现印装质量问题，请及时向市场营销部联系调换。
地　　址：成都市槐树街2号四川出版大厦六楼四川少年儿童出版社市场营销部
邮　　编：610031
咨询电话：028-86259237　　86259232

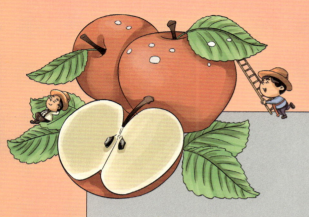

甜美诱人的苹果	2
有趣的苹果历史	4
中国也是苹果的故乡	10
苹果的生长日记	20
庞大的苹果家族	32
好玩的苹果加工厂	34
神奇的苹果"营养师"	38
学做好吃的苹果派	40
苹果大发现	42
你不知道的苹果世界	44

甜美诱人的苹果

看！这水灵灵、红彤彤的大苹果，是不是看起来特别诱人？闻一闻，淡淡的香气扑鼻而来；咬上一口，清脆的果肉里夹杂着清爽的果汁，酸酸甜甜，好吃极了！相信很多小朋友都喜欢吃苹果。你知道吗？苹果不仅好吃，名气也很大。有人将它和葡萄、柑橘、香蕉并称为"世界四大水果"。苹果不但营养丰富，而且拥有悠久的历史和众多的品种。

世界四大水果

苹果属于蔷薇科苹果属的植物。苹果树春天发芽，秋冬落叶，属于落叶果树。你知道吗？苹果树的寿命可以长达 30~50 年，树高可达 15 米。不过为了便于管理，通常人们栽培的苹果树会控制在 3~5 米高。

苹果树的结构图

有趣的苹果历史

来自山间的野生苹果

　　苹果在很久以前就出现了,它最早只是生长在山间的一种野果,后来被人们发现并开始进行培育,才有了我们现在吃的苹果品种。那么苹果的故乡在哪里呢?有人说在高加索山脉一带,有人说在哈萨克斯坦,还有研究表明现代栽培的苹果品种起源于我国新疆。这些地区至今都还生长着不少野生苹果。尽管对于苹果最早出现于何处一直争论不断,但不管源自哪里,可以肯定的是,人们很早就开始栽培这种甜中带酸、美味可口的水果了。

哲学家将苹果带回希腊

据说，公元前334年，亚历山大大帝远征波斯，一位名叫泰奥弗拉斯多的哲学家跟随大军前往。在经过高加索山脉时，这位哲学家发现了好几种野生的苹果，并把它们带回了希腊。他把果实大的作为种植用，果实小的仍作为野生种保留，并且深入研究了利用嫁接增加苹果品种的栽培方法。从此，苹果在西方被广泛种植。

到了罗马时代，人们已经培育出了许多不同品种的苹果，除了直接吃外，还将它们制成甜点食用。

酿成美味的苹果酒

公元 1 世纪左右,地中海地区的人们在保存苹果汁时,由于果汁发酵,无意中得到了类似苹果酒的含酒精饮料。公元 3 世纪,欧洲人逐渐学会了酿制苹果酒,并逐渐爱上了它。由于欧洲一些地区水中矿物质含量过高,于是苹果酒在那些地方成为非常重要的饮料。为此,很多地区还专门培育出了用于酿酒的苹果品种。

采收苹果

酿制苹果酒

到了 17~18 世纪，苹果酒在欧洲一些地区成为了一种比啤酒更流行的饮料。优质的苹果酒甚至能和最好的法国葡萄酒媲美。当时，不少农场和修道院都会自己酿造苹果酒。到了收获季节，修道院会将自己酿造的苹果酒出售给民众，而农场主则将它们作为报酬的一部分支付给劳工。

劳工们领取作为报酬一部分的苹果酒。

圣诞节后的某一天，英国人会在苹果园里举行一场有趣的祝酒仪式，用以表达对苹果树的感激之情。人们将苹果酒浇在树的周围，将小块的面包放在树杈上，祈祷苹果树的茁壮成长和来年的好收成。

漂洋过海来到美洲

17世纪，已经被欧洲人进行了诸多品种改良的苹果传入美洲。那么，这一过程是如何实现的呢？原来，在哥伦布发现美洲大陆后的几百年间，很多欧洲人陆续移民美洲大陆，他们将苹果的树苗和种子一起带了过去，并且在美洲培育出了很多新的苹果品种。有趣的是，由于早期移民面对的自然环境恶劣，饮用水的安全很难保证，苹果酒对于许多移民而言是比水更安全的饮料。就这样，苹果酒在美洲流行开来。

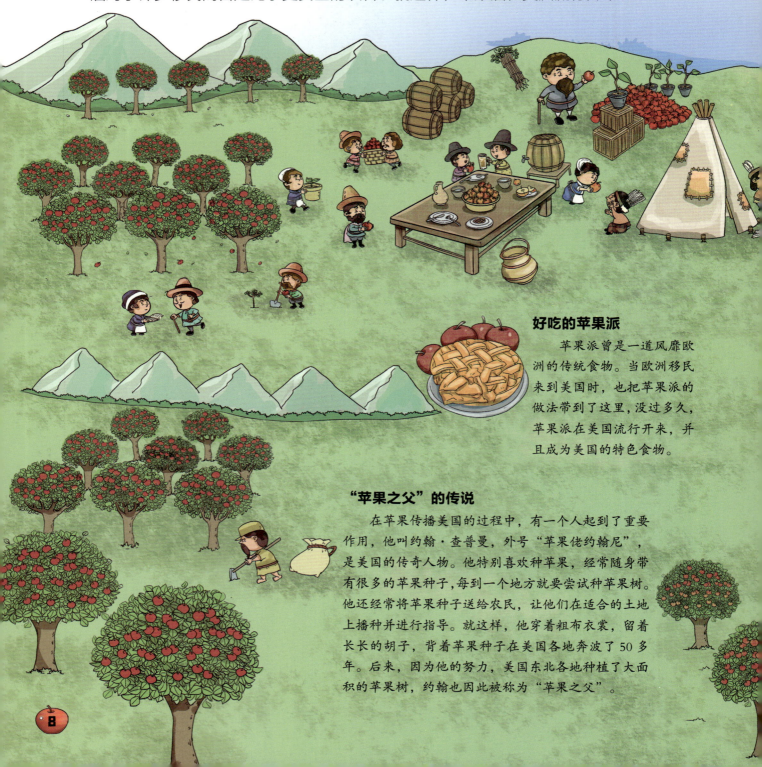

好吃的苹果派

苹果派曾是一道风靡欧洲的传统食物。当欧洲移民来到美国时，也把苹果派的做法带到了这里，没过多久，苹果派在美国流行开来，并且成为美国的特色食物。

"苹果之父"的传说

在苹果传播美国的过程中，有一个人起到了重要作用，他叫约翰·查普曼，外号"苹果佬约翰尼"，是美国的传奇人物。他特别喜欢种苹果，经常随身带有很多的苹果种子，每到一个地方就要尝试种苹果树。他还经常将苹果种子送给农民，让他们在适合的土地上播种并进行指导。就这样，他穿着粗布衣裳，留着长长的胡子，背着苹果种子在美国各地奔波了50多年。后来，因为他的努力，美国东北各地种植了大面积的苹果树，约翰也因此被称为"苹果之父"。

成为风靡世界的水果

后来,经过改良的苹果从美洲开始走向世界。在 19 世纪,西洋苹果传入中国和日本,同时也开始在非洲等其他大洲种植。随着世界各大洲之间的交流越来越频繁,苹果也被带到了越来越多的地方,受到越来越多人的喜爱。而且,在不同的地理环境和自然条件下,人们逐渐培育出了更多更好吃的苹果品种。

中国也是苹果的故乡

古老的新疆野苹果

你知道吗？中国也是苹果的故乡！在20世纪20年代，苏联植物学家瓦维洛夫对中亚地区做了全面调查，找到了现代栽培苹果真正的祖先——新疆野苹果。这个重大发现推翻了"欧洲人最先栽培苹果"的说法。而近几年，我国科学家们通过对苹果基因进行测试研究，再次证实了这一结论：现代栽培苹果真正的祖先是新疆野苹果。

新疆野苹果在中国境内主要生长于新疆伊犁的天山野果林，这里是中生代遗留下来的亚洲面积最大的原始野生果林。这里的苹果虽然是野生的，但是果实的个头很大，味道也很甜。

新疆野苹果是如何传播和进化的呢?

新疆野苹果又名塞威氏苹果,最初是由动物传播繁衍,后来在"丝绸之路"的贸易活动中进一步获得发展。它沿着古"丝绸之路"向西进入欧洲,逐渐演化形成当今的世界栽培苹果(西洋苹果);而在向东交流中,则与山荆子等野生苹果属植物杂交,产生了中国早期的绵苹果。

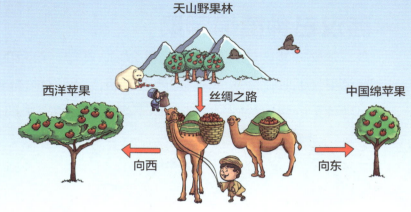

小贴士 全世界最古老的野生苹果树

这棵生长于伊犁哈萨克自治州新源县的野生苹果树,树龄已达600多岁,被称为全世界栽培苹果的"祖宗树",同时还被吉尼斯世界纪录认定为全世界现存树龄最长的野生苹果树。直至现在,它依然枝繁叶茂,开花结果。

西汉已种植绵苹果

苹果在我国的栽培历史已有2000多年,最早的苹果品种是绵苹果,它是由新疆野苹果长期驯化栽培而来的。西汉时期,人们已种植绵苹果,当时人们称它为柰(nài)。这种苹果的果肉绵软易烂,口感不像现代栽培苹果那么清脆。

西汉著名文学家司马相如写过一篇《上林赋》。在文章中,他描写了当时的皇家园林上林苑中广植各种名花异树的壮丽景象。其中写到"楟(tíng)柰厚朴",这里的"柰"指的就是绵苹果。这是我国文学著作中第一次出现关于"柰"的记载。

西晋苹果被广泛栽培

到了西晋时期,苹果已经是一种为人熟知的水果。那时,一个叫郭义恭的文人编写了一本记载风土物产的书籍《广志》。这本书里不仅详细记录了当时我国主要的苹果种植地区,还介绍了3种不同颜色的苹果种类,甚至还记录了栽种苹果的技术。由此可见,我国的苹果栽培技术在西晋时期已经有了很大发展。

除了"柰",《广志》中还记载了另一个早期苹果的名字——"林檎"。

有趣的是,两晋时期的道教还曾把一种"紫柰"视为神仙食用的仙果。

唐宋苹果名字多

唐宋时期，苹果的栽培更加普及，苹果也日益成为日常饮食的一部分。人们会把苹果与蜂蜜酿在一起吃，或者制成果脯来吃，香甜可口。特别是到了宋代，栽培的苹果品种进一步丰富，光绵苹果就有数种之多。随着种类的增多，苹果的名字也多了起来，比如蜜柰、红柰、金林檎、红林檎、文林郎果、频婆果、秋子、花红等等。关于这些名字的来历，还有两个有趣的传说故事。

从"频婆果"到"苹果"

在唐代，苹果还有一个名字——频婆果。"频婆"原指印度的一种红瓜，它的颜色特别红亮。于是，佛教典籍中常用"频婆"形容佛祖唇红齿洁之相。中唐时期的一位僧人慧琳在讲授佛经的时候，为了让大家理解什么是"频婆果"，便在注解佛经用词发音和意义的《一切经音义》中说："其果似此方林檎，极鲜明赤者。"也就是说，如果大家想了解频婆果是什么颜色，看看林檎就好了。没想到人们却误以为频婆果就是林檎，从此，苹果就有了张冠李戴的"频婆果"之名。到了唐代中期以后，"频婆"已经被用来指代绵苹果的一种。再后来，"频婆果"这一叫法逐渐演变成了"苹果"。直至清末，"苹果"这一叫法得以最终确立。

唐高宗赐名"文林郎果"

在宋朝的《太平广记》一书中，记载了这样一则故事。唐朝永徽年间，有一个叫王方言的人，在河中滩涂上发现了一棵青翠葱郁的果树苗，并把它移植到了家中。不想，果树结出的 3 个果实晶莹闪亮，犹如珍宝。后来，曹州刺史李慎把这种奇果上供给了皇帝唐高宗李治。皇帝见了颇为惊奇，寻访之后才知这些果子是林檎。高兴之余，便赐给王方言一个名为"文林郎"的官职，并给果子起名"文林郎果"。

西洋苹果来到中国

你知道吗？直到清末，西洋苹果才被引入中国，从而开启了中国现代苹果栽培的历史。1871年，在烟台的一处山坡上，出现了一座私人果园。果园的主人是一位来自美国的牧师，名叫倪维思。倪维思夫妇为了能在烟台吃到家乡的苹果，从美国的纽约州带来了十多种苹果树苗。几年后，倪维思种植的苹果树和当地的苹果树通过嫁接和杂交，产生了一系列新的苹果品种。这些苹果个头很大，皮薄水分足，口感特别脆，味道很甜，于是很快在国内传播开来，烟台由此成为了远近闻名的"苹果之乡"。

之后，随着国外苹果品种不断的引进，中国本土原产的绵苹果的种植开始大幅度减少，但它们并没有完全消失。直到现在，我国青海、甘肃等地仍有栽种绵苹果。不过，现在我们吃到的苹果大多都是引进的西洋苹果了。

"苹果之乡"山东烟台

引进日本红富士苹果

我们经常吃的红富士苹果，最初产自中国吗？并不是！它原产于日本，自1966年开始引入中国，并在中国大面积种植。这种苹果颜色通红，形状圆圆的如棒球一般。相比其他苹果，它的味道更加甜美和清脆，也因此受到很多人的喜爱。如今，它已经成为中国市场上最主要的苹果品种，占据着绝对的霸主地位。

日本

红富士苹果好甜啊！

中国

闻名世界的苹果大国

随着栽培技术的不断进步，中国培育出了越来越多新的苹果品种，人们甚至可以在温室里种植苹果，从而延长或提前苹果的收获期。如今，在全世界 80 多个种植苹果的国家中，中国的苹果栽培面积和产量已居世界第一。中国的苹果不仅出口到世界各地，还被加工成各种各样的苹果食品。今天，中国已成为世界上最大的苹果生产国。

苹果的生长日记

新生命的开始

你知道吗？通常情况下，从种下一颗种子，到收获一个苹果，足足需要好几年的时间。因为这个培育过程非常漫长而困难，所以很多果农都会选择购买已经培育好的苹果苗来移植，这样栽种的苹果苗，通常在第二年或者第三年就能结出苹果啦！

苹果种子的成长

❶ 选出饱满的苹果种子

❷ 浸泡后长出长长的的根

❸ 长出嫩绿的小芽

❹ 长成苹果幼苗

❹ 一排排的苹果苗种好了，每棵树苗之间都要保持适当的距离。

第 1 年 2 月 20 日

我已经是 3 岁的小树苗了！今天，我被移植到了新的果园。一切都是新的开始哦！

栽种树苗

为了提高苹果的质量和产量，果农们还会选择不同品种的苹果苗进行嫁接，这样培育出的苹果才会更大更甜。如果购买了已经嫁接好的 2~3 岁的苹果苗，那么只需要移植到苹果园里就好了。最好在树苗发芽前（大部分地区在 2 月或 3 月）种植，这样更容易成活。

❶ 移植前，将树苗根部用水浸泡 30 分钟，让它吸收到足够的水分。

❷ 剪掉细小的根须。

❸ 把苹果苗放进栽植坑中，培土至合适深度。

苹果树在长大

在果农的精心照顾下,苹果苗在果园里茁壮地生长着。它的树干长得越来越高,树枝也变得越来越粗壮。在种植后的第 1 年,为了使树木更加茁壮,苹果树即使开花了也要摘掉,所以第 1 年是不会长出苹果的。到了第 2 年的早春,小树苗已经长高了很多,很快就会重新发芽,绽放出花蕾。

1 种植后第 1 年
剪掉不必要的树枝

2 第 1 年的春天
摘掉苹果花

3 第 1 年的夏天
固定树枝

开出美丽的苹果花

到了 4 月，苹果树伸展出嫩绿的枝条，一片片椭圆形的叶子在微风中欢乐地跳着舞。然后，树枝上慢慢长满小小的花蕾。进入 5 月，一朵朵粉白相间的苹果花如满天繁星一般绽放在整个果园里。放眼望去，整个果园犹如一幅美丽的风景画！空气中夹杂着淡淡的花香，令人沉醉不已。

第 2 年 5 月 1 日

哈哈，我现在开满了粉白相间的苹果花，是不是很美呢？我好开心，今年的苹果花不会被摘掉！这样，小蜜蜂帮我授粉后，我很快就会结出果实呢！

从花芽到花朵

花芽中间包裹着花蕾,然后周围会长出 8~10 片叶子。花蕾未绽放时,花瓣大多为粉红色。等花蕾绽放时,花瓣颜色慢慢变淡,接近白色。

苹果花的结构图

雌蕊　花瓣　雄蕊　花萼　花托（发育成果肉）　胚珠（发育成种子）

授粉

苹果是异花授粉植物,大部分种植品种的苹果花的雌蕊只有接触其他品种的花粉,才会结出合格的果实,所以种苹果树时,一定要种两个品种以上的苹果树。苹果花一般由蜜蜂来授粉,但在没有蜜蜂的情况下,就需要人工授粉。

蜜蜂授粉　　人工授粉

结出绿色的果实

当苹果花凋落后,苹果树上就会结出很多绿色的小苹果。这时,果农需要把多余的果实剪掉,这个过程叫作疏果。你是不是觉得这样剪掉果实太可惜了?但事实上,如果不剪去多余的果实,最终收获的果实会很小,而且也不甜,并且还会影响来年果树的开花结果。

到了6月下旬或7月初,果农们会给绿色苹果都套上袋子。为什么要套袋呢?这样做,一方面可以有效防止虫害,另一方面也可以让苹果的色泽更加鲜艳。

第2年5月15日

看!我已经长出了绿色的小苹果,是不是很可爱呢?虽然我很想把所有的果实都留下来,可那样苹果就不能变得更大更甜了,所以,我只能和许多果实告别了。

苹果变红啦!

进入秋天,树上的苹果长得越来越大,颜色也逐渐由青绿色变成了红色!采摘前1个月的时候,果农们会拆掉纸袋,照到阳光的苹果会变得更红哦!

10月中旬以后,我国长江以北种植的大部分品种的苹果就都可以采摘了。比如我们经常吃的红富士苹果,就是在10月下旬至11月上旬之间采摘。此时,满园的苹果树上挂满了娇艳的红苹果,就像挂着一盏盏美丽的红灯笼。丰收的果农们露出了开心的笑容,他们忙碌地采摘着苹果,享受着收获的喜悦!

第2年11月1日

看,这么多又大又甜的红苹果,都是我努力的成果哦!我很感谢果农伯伯们的精心呵护,更为自己的努力而感到骄傲!愿每一个可爱的苹果都能被人们好好地享用!

苹果园里忙碌的一年

你知道吗？种出好吃的苹果并不是一件容易的事情，这需要果农们年复一年的辛勤劳作。无论春夏秋冬，他们都要用心地照顾果树，这样才能收获甜甜的苹果。所以，每个辛勤劳作的果农都值得我们尊敬，每个苹果都值得我们珍惜！

七月 追肥、除草

八月 追肥

九月 疏枝增光
修剪侧枝，增加阳光的照射。

十月 摘袋 转果
让苹果接受更多的阳光。

十一月 丰收啦！采摘

十二月 果树休眠期间修枝防虫

庞大的苹果家族

你一定想象不到，全世界的苹果品种竟然有 7500 多个，苹果真的是一个非常庞大的家族。许多国家都培育了不少具有本土特色的苹果品种，它们在当地广泛种植，甚至还出口到了其他国家。好吃的苹果品种都有哪些呢？现在，就让我们来认识其中一部分吧！

中国新疆阿克苏苹果

我国种植的优质苹果，主产地位于新疆阿克苏地区温宿县。这种苹果口感异常甜脆，是全国仅有的优质"冰糖心"苹果，曾入选 2008 年北京奥运会指定果品。

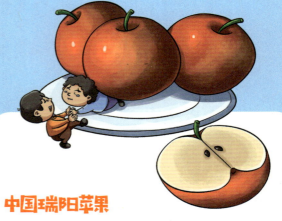

中国瑞阳苹果

瑞阳苹果是中国培育出的优质晚熟新品种苹果，它是由西北农林科技大学的科研团队历经 20 多年才选育成功的，不但容易栽培，还可连年高产。这种苹果色泽艳丽、果肉细脆，吃起来香甜可口。

美国蛇果

果皮红艳艳的蛇果，吃起来又甜又脆。它原产于美国，主产地位于华盛顿州的韦纳奇地区。你知道吗？蛇果其实与蛇一点关系也没有，它曾被音译为"红地厘蛇果"，后来就被人们简称为"蛇果"了。

美国金冠苹果

这种金黄色的苹果，又名金帅、黄香蕉，原产于美国。它的果肉呈黄白色，刚采收时脆而多汁，储存后则稍变软，吃起来味道香浓，酸甜爽口。

世界一号苹果

这种苹果原产于美国和日本。它个头较大，一般每个苹果重量都在1斤以上，最大的可以达到2~3斤，因此被人们称为"世界第一苹果"或者"世界最大苹果"。它不但气味诱人，爽脆多汁，而且保存期是一般苹果的3~4倍。

日本陆奥苹果

这种苹果的颜色是漂亮的粉桃红，吃起来简直甜到爆炸！当地果农在种植这种苹果时，由于标准严苛，有时一棵树在疏果时只留下几个苹果，收获的果实有的一个的重量接近2斤。

日本红富士苹果

日本培育的红富士苹果，由于风味香甜，口感极佳，自1966年起被引入我国栽种。它可以长期储存，在合适条件下可保存5~7个月。

日本王林苹果

原产于日本福岛县，果汁多且甜，果实含有独特的兰花香气，被誉为"有格调有品位的苹果"。"王林"在日语中的意思是"苹果之王"。

澳洲青苹

这种翠绿色的苹果，表皮光滑，风味酸甜。它原产于澳大利亚，是世界知名的绿色苹果品种。

新西兰嘎拉苹果

原产于新西兰，是早熟苹果的一种，一般在八九月成熟。它皮薄汁多，味道脆甜，一口咬下去就能听到清脆的声音！

好玩的苹果加工厂

制成甜甜的苹果酱

苹果恐怕是所有水果里最"多才多艺"的，它可以被加工成很多美食和饮品，比如苹果派、苹果干、苹果汁、苹果醋、苹果酱、苹果酒等等。甜甜的苹果酱，是很多小朋友特别喜欢吃的一种食物。它是怎么被加工出来的呢？一起来看看吧！

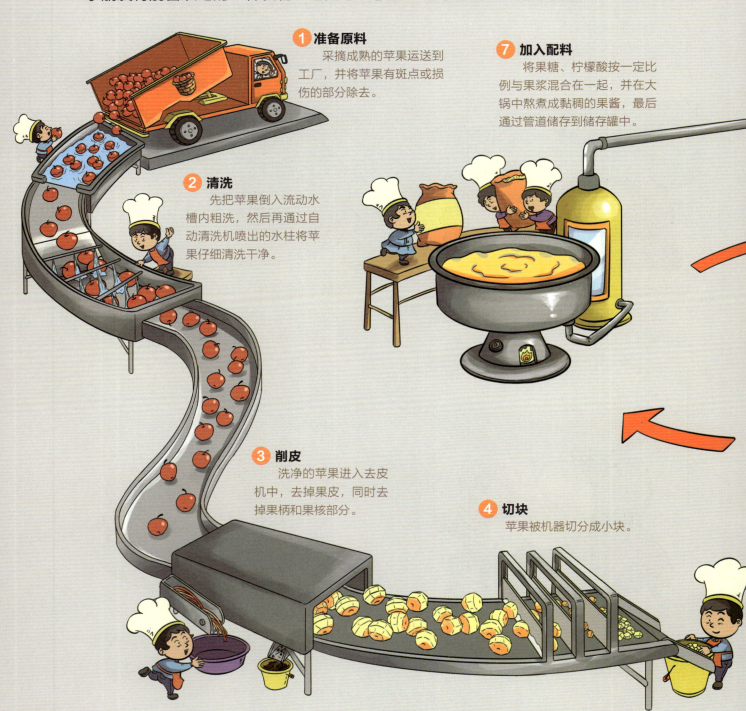

1 准备原料
采摘成熟的苹果运送到工厂，并将苹果有斑点或损伤的部分除去。

2 清洗
先把苹果倒入流动水槽内粗洗，然后再通过自动清洗机喷出的水柱将苹果仔细清洗干净。

3 削皮
洗净的苹果进入去皮机中，去掉果皮，同时去掉果柄和果核部分。

4 切块
苹果被机器切分成小块。

7 加入配料
将果糖、柠檬酸按一定比例与果浆混合在一起，并在大锅中熬煮成黏稠的果酱，最后通过管道储存到储存罐中。

11 包装
贴好标签，打包入箱，甜甜的苹果酱就做好了！快把它抹在面包上尝一尝吧！

8 罐装
将果酱分装到玻璃瓶中。装瓶前应先把瓶子内壁洗净、晾干。

9 封盖
机械手自动将瓶盖放置在果酱瓶上，然后旋压设备将瓶盖固定。

10 灭菌
将果酱瓶放在沸水中加热灭菌，然后在冷水中逐步冷却，最后烘干。

6 打浆
把软化好的果块放入打浆机内，打成果浆。

5 加热软化
把切好的果块倒入不锈钢的夹层锅中，用蒸气加热，使苹果充分软化。

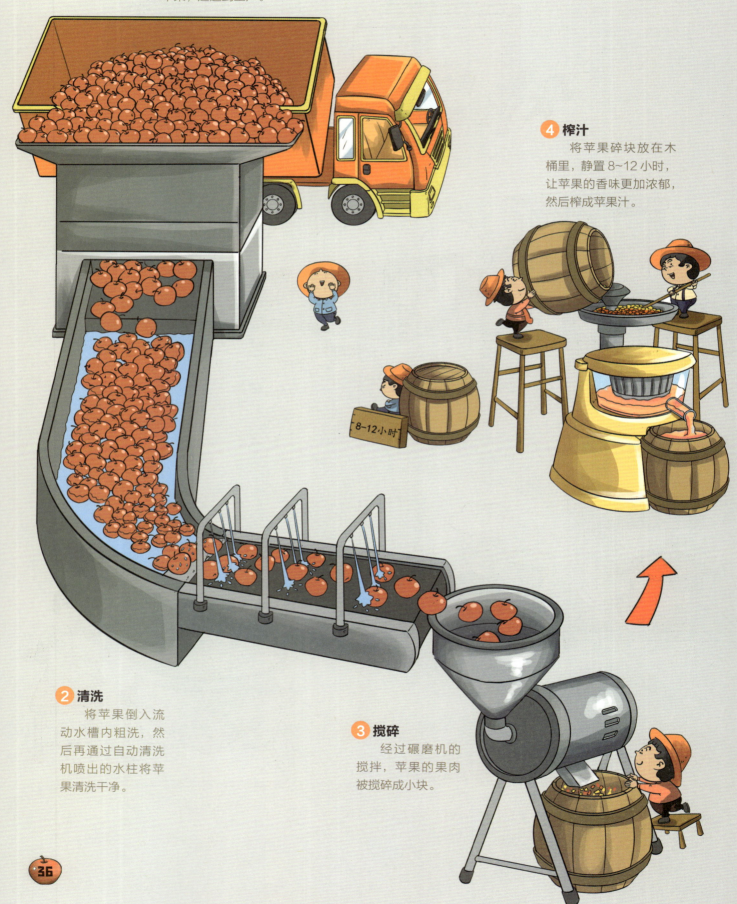

酿成好喝的苹果酒

苹果酒是一种用苹果汁酿成的果酒，这种酒在欧美国家非常受欢迎。它的颜色金黄透亮，气味香气四溢，入口酸酸的，带有甘甜的苹果味。它最初是怎么被发现的呢？原来，在过去人们经常会把喝不完的苹果汁保存起来。由于储存食物的条件非常简陋，苹果汁很容易就与空气中的天然酵母发生奇妙的反应。就这样，这种口感与苹果汁截然不同的新饮料诞生了。现在，让我们去工厂里看看苹果酒的酿造过程吧！

5 调配果汁

通过添加蔗糖和苹果浓缩汁，将苹果汁的口味调配至适合的甜度和酸度。

6 发酵

把芬芳的果汁密闭在木桶中，等待发酵。许多制造商会采用"自然发酵法"，即利用附着在苹果果皮表面的酵母菌进行发酵。在这个过程中，苹果汁中的糖分逐渐转化成酒精。

7 陈酿

经过一段时间的发酵后，苹果酒会被移至酒窖储存，一般几个月后就可以装瓶售卖了。不过，很多制造商会把一桶桶的苹果酒藏满3年，这样会让酒的口感更丰富，香气更浓郁。

8 调配酒液

灌装前，人们会用食用酒精和酒液进行调配，使苹果酒的酒精度数达到14~16度。

9 装瓶

将调配好的酒进行过滤，装入已消毒的玻璃瓶中，密封后杀菌。可口的苹果酒就这样做好了！

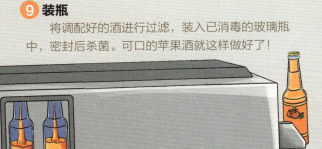

神奇的苹果"营养师"

你听过这样一句话吗?"一天一苹果,医生远离我。"苹果真的有这么厉害?居然可以包治百病?那自然不是。不过,苹果的确是一种非常好的水果!它富含多种矿物质和维生素,就像一个神奇的营养师,可以给我们的身体提供多种多样的营养成分,从而让我们的身体变得更健康!

维持肠道健康

苹果中所含的膳食纤维和有机酸,能够刺激肠胃蠕动,促使大便通畅。另一方面,苹果中含有果胶,又能抑制肠道不正常的蠕动,使消化活动减慢,从而抑制轻度腹泻,维持肠道健康。

保持血糖和血压的稳定

你知道吗?苹果是糖尿病患者和高血压患者也能吃的健康水果。在身体适合且适量食用的前提下,苹果中含有的微量元素有助于控制血糖和血压水平。苹果中含有较多的钾,它们能与人体过剩的钠盐结合,使之排出体外,有助于人体的血压保持稳定。

增强记忆力

苹果富含锌元素。锌是人体内许多重要酶的组成部分,是促进生长发育的关键元素,还是构成与记忆力息息相关的核酸与蛋白质的必不可少的元素。吃苹果可以帮助提高记忆力和增强注意力,从而让儿童的大脑变得更聪明。

小贴士 苹果的香气能让心情变愉快

你知道吗？苹果的香气是治疗抑郁和压抑感的良药。专家们经过多次试验发现，在诸多气味中，苹果的香气对人的心理影响最大，它具有明显的消除心理压抑感的作用，可以让你的心情放松，精神愉悦！

有助于减肥

苹果那么甜，吃苹果会不会发胖呢？科学研究表明，每100克苹果会产生约52千焦的热量，比一个鸡蛋（约80千焦）的热量都要少。而且，苹果在食用后具有较强的饱腹感。因此，适量吃苹果不但不会发胖，还能有助于减肥。

清洁牙齿

苹果中的单宁酸有助于分解污渍，让牙齿恢复亮白。粗纤维能扫走口腔里的食物残渣，费力咀嚼的动作也能刺激唾液分泌，达到天然的清洁抗菌效果。

抗癌防癌

经研究证实，苹果中的多酚能够抑制癌细胞的增加。同时，苹果中含有的黄酮类化合物是一种高效抗氧化剂，它能帮助清理血管，并且有抗癌防癌的功效。

学做好吃的苹果派

你知道吗？苹果派是人们很喜欢吃的一种甜点。每当烤好的苹果派被端出来时，那股浓浓的香甜味道简直令人垂涎欲滴。它制作简单又美味。现在，就让我们和爸爸妈妈一起动手做一份简易版的苹果派吧！

原料

苹果 1 个、鸡蛋 1 个、吐司 2~3 片、白砂糖 8 克、玉米淀粉适量、黄油 75 克

制作步骤

❶ 将苹果洗净，去皮去核，切成小块。

❷ 将玉米淀粉和糖倒入少量水搅拌均匀，制成玉米淀粉水。

香甜可口的苹果派出炉啦！赶快来尝一尝吧！

苹果大发现

很久以前

希腊神话中的金苹果

金苹果是希腊神话中著名的宝物。在一场婚礼上，天后赫拉、智慧女神雅典娜、爱神阿佛洛狄忒为了一个金苹果争执不休。宙斯只好让特洛伊王子帕里斯做评判，三位女神分别许诺给他权力、智慧与爱情。最后，王子把金苹果献给了爱神，之后得到了美女海伦。从此，苹果就有了"爱情之果"的美名。

14-16 世纪

《圣经》中的苹果

亚当与夏娃偷吃的禁果是苹果吗？其实，《圣经》中并没有提到过禁果是苹果。据说是文艺复兴时期的画家们在绘画时将其画成了苹果的样子。也因此，苹果就有了"智慧与诱惑"的象征意义。

16 世纪

苹果派

美国人很喜欢吃苹果派，但苹果派的历史比美国悠久。这种食物的雏形可追溯至中世纪时代的欧洲，之后历经演变。到了1590年，英国诗人罗伯特·格林在一首诗中写到："她们的呼吸就像苹果派一样甜美。"

2019 年

"宇宙脆"苹果

2019年12月，由美国华盛顿州立大学培育的新苹果品种"宇宙脆"在美国上市。这种苹果又脆又结实，酸甜可口，果汁丰富。最令人惊讶的是，这种苹果可以冷藏10~12个月，保鲜期可以达到1年。

21 世纪初

苹果籽有毒

白雪公主因为吃了毒苹果而昏睡，这个童话让很多人忍不住去想苹果中有没有毒素。科学家经过研究发现，苹果籽中确实含有有毒物质扁桃苷。但是我们也不用害怕，因为单颗苹果籽中含有的扁桃苷是非常少的，远远不足以对人体造成伤害。

1992 年

艺术苹果

人们在种植苹果时，通过日光处理技术在果皮上自然形成各种图案或书法作品，这样种出的果皮上带有图案或文字的苹果，被称为"艺术苹果"。它起源于中国山东栖霞，从1992年开始，栖霞果农就开始尝试种植这种苹果。

17 世纪

苹果酒

在 17 世纪的欧洲部分地区，苹果酒已经成了一种比啤酒更流行的饮料。当时，许多农场主都会自己酿造苹果酒，并在收获季节将它们作为劳动报酬的一部分发给工人。在英国，直到 1887 年，这种以苹果酒作为报酬的形式才被正式立法禁止。

17 世纪 60 年代

牛顿与苹果

在过去一直流传着这样一个故事：牛顿坐在苹果树下，苹果砸到了他头上。由此，牛顿受到启发，发现了万有引力定律。事实上，经过证实，这个故事是哲学家伏尔泰从牛顿的侄女那儿听来的，并不可信。

20 世纪初

一天一苹果

曾有一句威尔士谚语说道："每日睡前一苹果，不让医生赚面包。"在 20 世纪初，为了挽救因为苹果酒被禁而受到沉重打击的苹果市场，美国的果农们改编这句谚语，想出了"一天一苹果，医生远离我"的著名广告语，从而使苹果的健康功效深入人心。

20 世纪 90 年代

方方正正的苹果

受到日本人种植的方西瓜的启发，韩国农艺师李宗本决定给苹果重新"塑形"。通过在苹果树枝上使用方形容器，他用 5 年的时间培育出了一批方形的苹果。

20 世纪 80 年代

木村秋则的苹果

在日本，有一位名叫木村秋则的果农。他用 11 年时间坚持不懈地研究苹果种植，终于培育出了一种不易腐坏、味道非常甜美的苹果。这种苹果受到了全日本的追捧。在东京的高级餐厅，想吃到"木村先生的苹果汤"，起码要等上半年的时间。

1976 年

苹果公司

1976 年 4 月 1 日，乔布斯等人创办的苹果公司诞生了！据说之所以选"苹果"作为公司名称，一部分原因是因为乔布斯当时正在吃水果餐，而且他本人也很喜欢苹果。

你不知道的苹果世界

神奇的苹果树

英国一名园艺师利用嫁接技术，花费21年精心培育自家后花园中的苹果树，终于使这棵苹果树同时长出了250个不同品种的苹果。

用一个苹果震撼巴黎

著名画家塞尚酷爱画苹果，他在年轻的时候曾说过一句惊人的话："我要用一个苹果震撼巴黎。"后来，他凭借自己过人的天分和超出常人的努力，果真做到了这一点，成为名震一时的大画家。塞尚一生总共画了270多幅静物画，其中有很多作品画的是苹果。

有趣的"苹果"公司之争

现在一提苹果公司，大家都默认是指乔布斯创建的那个科技公司。实际上，早在此公司成立的10多年前，英国著名的甲壳虫乐队就曾注册过一个苹果公司，主营业务涉及唱片、电影、出版和零售等。两个苹果公司还因为商标问题打过好几场官司。

欢乐的青苹果节

每年10月中旬，在澳大利亚悉尼市都会举办欢乐的青苹果节。这个节日最初举办的目的，是为了纪念一位老奶奶成功培育出一种优良的青苹果品种。每次庆典活动中，首先出场的都是老奶奶和由演员扮演的青苹果卡通形象，然后就是热闹非凡的花车游行。

用超强臂力挤碎苹果

2013年，在美国加利福尼亚州洛杉矶，一位拥有超强臂力的美国女士，在一分钟内用手臂压碎了8个苹果，创造了这个古怪项目当时的吉尼斯世界纪录。

令人惊叹的苹果画

你能想象出用上万只苹果来创作艺术画吗？瑞典的一位画家开创了这种令人惊叹的艺术形式。他利用不同品种的苹果组合出美丽的巨幅图画。完成一幅画大概需要用到10多个品种的3万~4万个苹果，耗时约一周。